小动物吃什么科普绘本系列

好饿的蚯蚓

杨胡平 | 著

陌黎晓
插画工作室 | 绘

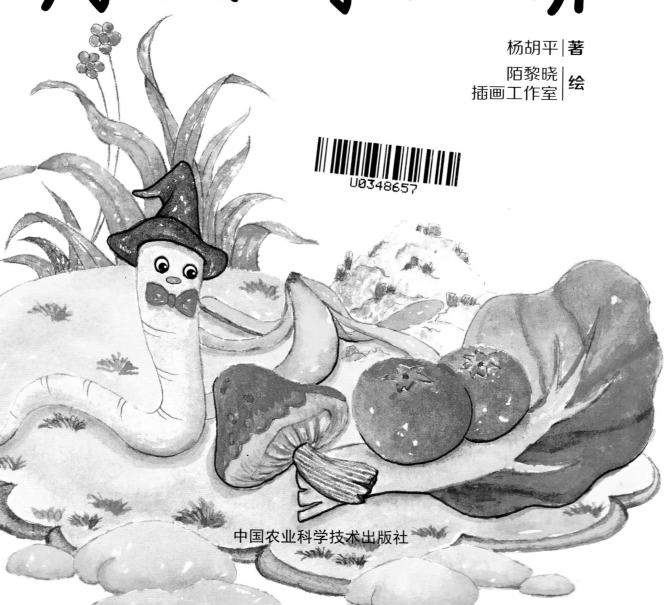

中国农业科学技术出版社

图书在版编目（CIP）数据

好饿的蚯蚓 / 杨胡平著 . —北京：中国农业科学技术出版社，2018.1
ISBN 978-7-5116-3356-9

Ⅰ . ①好… Ⅱ . ①杨… Ⅲ . ①儿童故事—图画故事—中国—当代 Ⅳ . ① I287.8

中国版本图书馆 CIP 数据核字（2017）第 271490 号

责任编辑　张志花
责任校对　贾海霞

出　版　者　中国农业科学技术出版社
　　　　　　北京市中关村南大街 12 号　邮编：100081
电　　　话　（010）82106636（编辑室）　（010）82109702（发行部）
　　　　　　（010）82109709（读者服务部）
传　　　真　（010）82106631
网　　　址　http://www.castp.cn
经　销　者　各地新华书店
印　刷　者　北京地大天成印务有限公司
开　　　本　787mm×1092mm　1 /16
印　　　张　2
版　　　次　2018 年 3 月第 1 版　2018 年 3 月第 1 次印刷
定　　　价　15.00 元

一条蚯蚓正在松软、潮湿的土壤里睡觉。

蚯蚓在土壤里翻了个身："我的肚子有点饿了，该到地面上去找食物了。"

我的肚子有点饿了。

　　蚯蚓钻出了土壤，来到地面上。这里是一片草地，
小草的叶子上还挂着晶莹的露珠呢。

一转身，发现旁边有几片落叶，蚯蚓便吃了起来。

蚯蚓肚子又饿了，又钻出土壤找食物，它东张西望。

落叶非常好吃，上次剩下的落叶，怎么不见了呢？

"啪——"几片青菜叶子飞了过来，差点砸到蚯蚓身上，吓了它一大跳。

6

　　一只小白兔走过来说："对不起，蚯蚓先生，我刚才没砸到你吧！"

　　蚯蚓高兴地说："没有呀！谢谢你为我送来了美味的食物——菜叶子。"

　　小白兔说："下次有了菜叶子，我还给你送过来。"

蚯蚓的肚子又饿了，又钻出土壤找食物，它东张西望。

如果这时有一片菜叶子，那该多好呀！

"啪——"一块西瓜皮飞了过来，差点砸到蚯蚓身上，吓了它一大跳。

一只小猪走过来说："对不起，蚯蚓先生，我刚才没砸到你吧！"

蚯蚓发现是西瓜皮后，开心地说："没有呀！谢谢你为我送来了美味的食物——西瓜皮。"

小猪说："下次有了西瓜皮，我还给你送过来。"

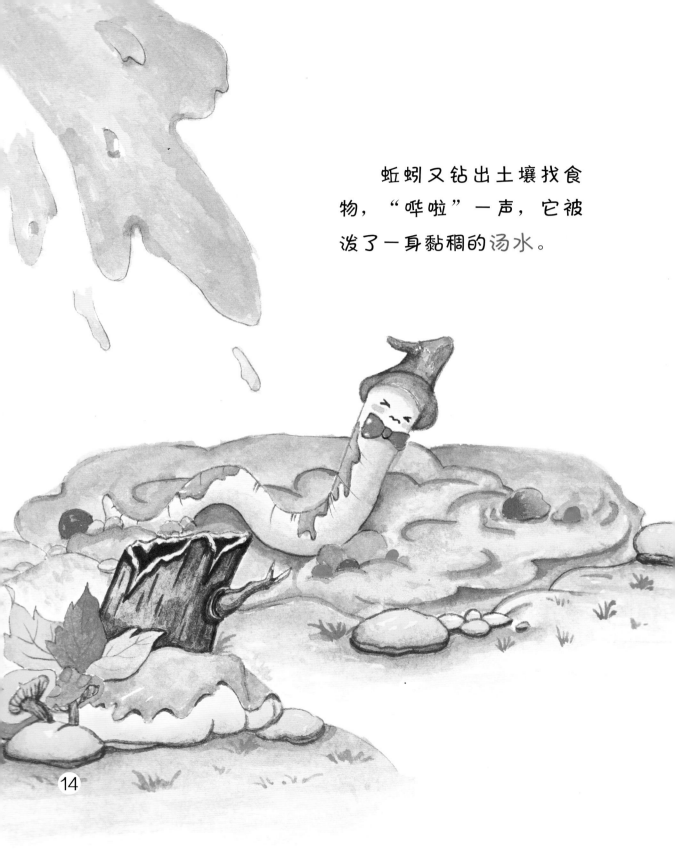

蚯蚓又钻出土壤找食物，"哗啦"一声，它被泼了一身黏稠的汤水。

　　一只小猴走过来说："对不起，我不是故意将剩饭倒在你身上的。"

蚯蚓尝了尝剩饭，感激地说：“谢谢你为我送来了可口的食物——剩饭。”

小猴说：“太好啦！以后有了剩饭我全送给你。这样妈妈就不会说我浪费食物了。”

17

蚯蚓又钻出土壤找食物，"嗝——"一团软乎乎的东西从天而降，差点砸到蚯蚓身上。

不等对方道歉，蚯蚓就先问："这是什么？"

一只小花猫说：
"这是鱼的内脏，
我不是故意的，没有
砸到你吧？"

20

蚯蚓尝了尝鱼的内脏，激动地说："太好吃啦！谢谢你为我送来了好吃的食物——鱼的内脏。"

小花猫不好意思地低下了头，原来，这些鱼的内脏，是它不想吃，要丢掉的。

22

蚯蚓又钻出土壤找食物，"嗨——"一团热乎乎的东西从天而降，差点将它埋在下面。

23

一头小黄牛走过来说："对不起，我不是故意将便便往你身上拉的。"

一听是便便，蚯蚓开心地说："没关系，便便也是我们蚯蚓的食物，谢谢你！"

24

从此以后，大家都知道这里有一条帮草地松土的蚯蚓，于是，它们一有空就给蚯蚓送来各种食物：菜叶子、西红柿、蘑菇、香蕉皮、剩饭……

小熊想："我该给蚯蚓送什么食物呢？对了，我要送一些别人没送过的，就送玻璃、橡胶还有金属吧！"

蚯蚓望着面前的一堆玻璃、橡胶和金属，对小熊说："谢谢你，小熊，可我不吃这些东西呀！"

小熊不好意思地说："听说你吃土，我以为你什么都能吃呢！"

28

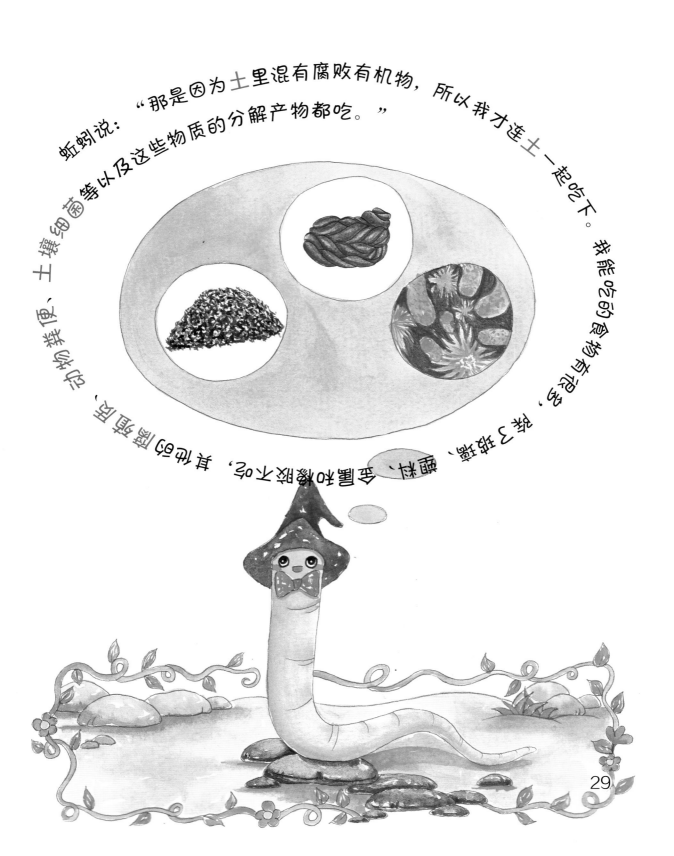

蚯蚓说："那是因为土里混有腐败有机物，所以我才连土一起吃下。我能吃的食物有很多，除了枯枝、落叶、真菌、细菌和烂根外，其他的腐烂、动物粪便、土壤细菌等以及这些物质的分解产物都吃。"

29

蚯蚓吃了那么多食物，拉出了许多便便。
有了这些蚯蚓的便便，小草、野花、田里的
庄稼长得更加旺盛了。